U0300234

“十四五”时期国家重点出版物出版专项规划项目

恐龙五宝驾到

了不起的中国恐龙大发现

中科资源　总策划

王原 葛旭 朱敏 杨濛　著

赵祺 余逸伦　审

人民邮电出版社

北　京

图书在版编目（CIP）数据

恐龙五宝驾到 : 了不起的中国恐龙大发现 / 王原等著. -- 北京 : 人民邮电出版社, 2024.5
ISBN 978-7-115-63921-9

Ⅰ. ①恐… Ⅱ. ①王… Ⅲ. ①恐龙－儿童读物 Ⅳ. ①Q915.864-49

中国国家版本馆CIP数据核字(2024)第039089号

内容提要

许氏禄丰龙、将军庙单脊龙、合川马门溪龙、棘鼻青岛龙、顾氏小盗龙都是发现于中国的恐龙明星。它们是五种在中国的不同地区被发现、生存在不同时代的恐龙。实验室里，科学家们将它们复活，恐龙明星们——禄禄、疆疆、溪溪、青青和辽辽——来到了我们生活的现实世界！这是它们的首次登场，我们可以了解到它们的身世来历、形态特点、性格特征等。它们也会将更多精彩的故事讲给我们听。

◆ 著　　　　王　原　葛　旭　朱　敏　杨　濛
　审　　　　赵　祺　余逸伦
　责任编辑　陈　晨
　责任印制　周昇亮
◆ 人民邮电出版社出版发行　　北京市丰台区成寿寺路 11 号
　邮编　100164　　电子邮件　315@ptpress.com.cn
　网址　https://www.ptpress.com.cn
　鑫艺佳利（天津）印刷有限公司印刷
◆ 开本：889×1194　1/16
　印张：2　　　　　　　　2024 年 5 月第 1 版
　字数：40 千字　　　　　2024 年 11 月天津第 2 次印刷

定价：69.80 元

读者服务热线：(010) 81055296　印装质量热线：(010) 81055316
反盗版热线：(010) 81055315
广告经营许可证：京东市监广登字 20170147 号

大家好！
我叫“辽辽”。
说起恐龙，大家一定会想起霸王龙、梁龙、三角龙等来自北美的大家伙们。其实中国才是目前世界上发现恐龙种类最多的国家，今天就来为大家介绍来自中国的五位恐龙大明星！
截至2024年2月，中国已经研究、命名了349种恐龙。

小点儿声！
小点儿声！
这样会引来吃
肉的恐龙！
有请第一位
中国恐龙大明星！
许氏禄丰龙“禄禄”！

让我来看看你的履历……
一般其他恐龙见到我都要叫爷爷的爷爷的爷爷的爷爷……
我是**中华第一龙**！
因为我是中国已知的时代最早的恐龙，是最早在中国大地上漫步的恐龙。
禄丰恐龙(中生代)
8分
中国人民邮政
我是全世界**第一**个登上邮票的恐龙。
我也是**第一**种中国人自己发现、发掘、研究和装架的恐龙。
我还是**第一**个出现在战火中的恐龙。
1941 年，我的复原装架在重庆北碚的地质调查所展出，作为科学研究成果，提振了民族士气！
也没有啦！低调，低调。
这也太厉害了吧！

名称	许氏禄丰龙
分类	蜥臀目，蜥脚型类，大椎龙科，禄丰龙属
生活年代	侏罗纪早期（距今约 1.9 亿年）
发现年份	1938 年
发现地点	中国云南禄丰
命名者	杨锺健
习性	植食性
天敌	中国龙

凶猛程度：

温和的植食性恐龙，没有表现出攻击特征。

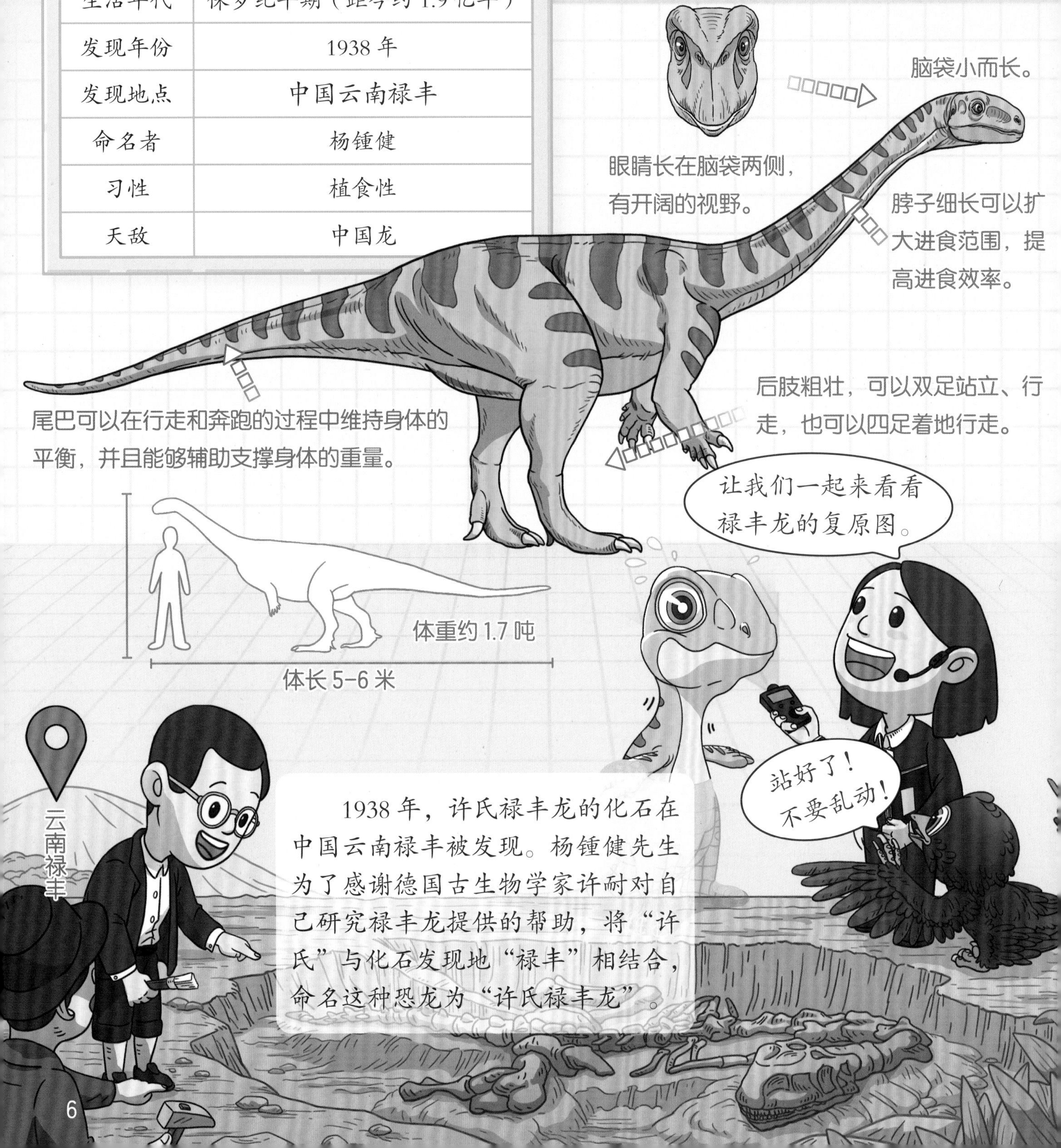

1938 年，许氏禄丰龙的化石在中国云南禄丰被发现。杨锺健先生为了感谢德国古生物学家许耐对自己研究禄丰龙提供的帮助，将“许氏”与化石发现地“禄丰”相结合，命名这种恐龙为“许氏禄丰龙”。

牙齿与食物
根据化石，可推测它们生活在湖泊岸边或沼泽地区，以植物为食。它们类似密齿梳状的牙齿不能咀嚼食物，只能借助吞食胃石来帮助消化坚韧的植物纤维。
前肢与行为
禄丰龙的前肢相对较短，但却有锋利的爪尖，特别是拇指上的爪子非常大。推测它们可能是靠爪子扒取树叶来进食的，另外，这些锋利的爪子也能用来自卫，抵抗肉食性恐龙的攻击。
伤痕与天敌
在一块禄丰龙肋骨的化石上，科学家们发现了明显的痕迹，是中国龙的牙齿咬穿留下的。因此，我们可以合理猜测许氏禄丰龙的主要天敌很可能是中国龙。
恐龙的很多特征是根据化石推断的。
全是骨头，有什么好看的？
许氏禄丰龙骨架化石
7

许氏禄丰龙的生存环境

气候与环境：禄丰龙生活于侏罗纪早期中国西南部的云南禄丰地区。在面积超过 400 平方千米的禄丰盆地中，沉积了厚厚的红色岩层，表明当时的气候较为温暖干燥，繁育了以禄丰龙为代表的恐龙王朝。

生物群：除了禄丰龙，在这一地区的岩层中还发现了大量其他史前动物的化石，古生物学家称它们为“禄丰蜥龙动物群”。“禄丰蜥龙动物群”是我国目前发现的含有恐龙的最古老的动物化石群，它的存在说明了当时自然环境优越，使得恐龙得以在这片广袤的大地上繁衍生息。

嗖
速度好快！
嗖
小点声！好吃的都被你吓跑了。
没错，就是它！它就是第二位中国恐龙明星！
将军庙单脊龙
（江氏单脊龙）
“疆疆”！

我们靠头冠辨认同伴。
个子小，但很勇猛，勇过迅猛龙！
别动手，是我！
我乃将军庙单脊龙是也！
目前单脊龙家族就我一个。
你好像很好吃！
我的发现地在将军庙，所以名字里有“将军”二字，我是勇敢的大将军！
?

名称	将军庙单脊龙（江氏单脊龙）
分类	蜥臀目，兽脚亚目，斑龙超科，单脊龙属
生活年代	侏罗纪中期（距今约 1.68 亿年）
发现年份	1981 年
发现地点	中国新疆准噶尔盆地
命名者	赵喜进、菲利普·J·柯里
习性	肉食性
天敌	中华猛龙（曾用名：中华盗龙）

凶猛程度：

体型、咬合力和体重远不如其他兽脚类恐龙，但它行动敏捷，仍然是当时的可怕杀手。

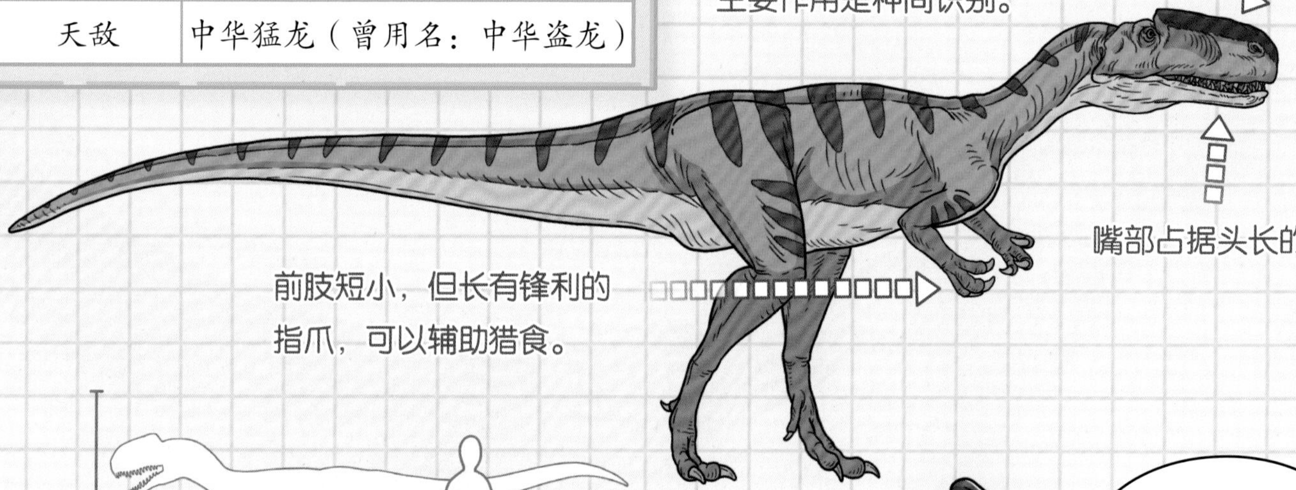

单脊龙含义为“有单冠饰的蜥蜴”，意指它们头颅骨上有一个中空的骨质头冠。独特冠的主要作用是种间识别。

头长约 80 厘米。

嘴部占据头长的 $\frac{3}{4}$。

前肢短小，但长有锋利的指爪，可以辅助猎食。

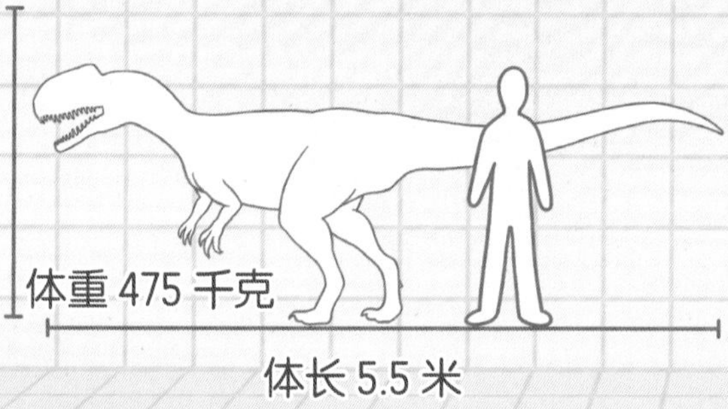

体重 475 千克

体长 5.5 米

我们来看一看复原图！

庙军将

新疆准噶尔盆地

让我也来试一下。

人们在新疆准噶尔将军庙地区进行石油勘探时，发现了一具较完整的骨骼化石，因为发现地在“将军庙”旁，所以称为“将军庙单脊龙”。单脊龙的考察是中国改革开放后第一次古生物考察（中加恐龙科考），是一次国际合作。

“将军”的头冠

单脊龙的颅骨非常修长，这使得其嘴部极为狭窄，颅骨整体的高度明显超过宽度。它们最有特色的就是头顶上长有一条单一且扁平的头冠，形状呈现长条半圆状，从头顶一直延续至鼻部上方。从头骨结构上看，这里与鼻孔相通形成了一个气体通道。当单脊龙发出咆哮时，此处的气腔结构能够产生共鸣，大大增强声音的威力。

也正因为“头冠”的中空结构，其无法作为猛烈撞击的战斗武器。所以，“将军”要保护好自己的头冠。

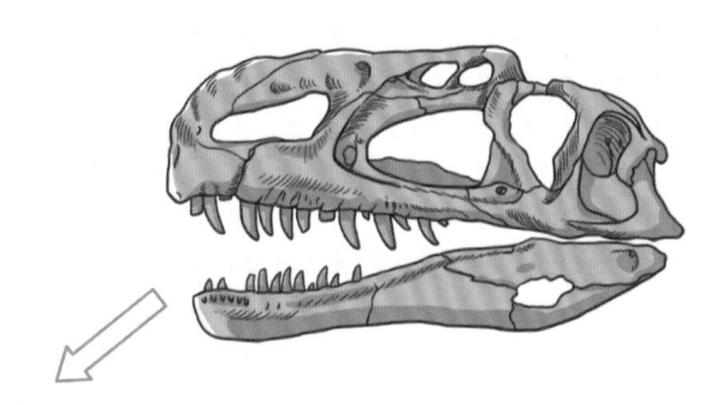

大头与长嘴 吃肉不发愁

单脊龙拥有大头、短颈、长嘴、尖牙。在咬不动猎物的时候，它们会用力甩动头部。通过头部运动的力量将食物拆解得更容易进食。

单脊龙头冠中空，嘴部窄细轻巧，牙齿虽锋利但也单薄脆弱。根据其整体结构特点推测，捕食中、大型恐龙可能会面临挑战，更擅长捕食小型恐龙，比如巧龙。

新疆准噶尔侏罗纪恐龙群

气候与环境：单脊龙生活在侏罗纪中期的中国新疆准噶尔盆地，这里以湿热气候为主，间或出现季节性的干旱期。当时的准噶尔盆地是一片平原，被茂密的森林植被所覆盖。

生物群：侏罗纪时期的准噶尔盆地不仅生活着将军庙单脊龙，还有目前已知最大的中国恐龙——中加马门溪龙。在这一地区的地层中发现的恐龙还有属于蜥脚类的巧龙、克拉美丽龙和傅山龙，属于剑龙类的将军龙，属于角龙类的隐龙，属于兽脚类的中华猛龙、简手龙、冠龙和泥潭龙等。此外还有翼龙、鳄类等动物。可以说当时的新疆是一座名副其实的“侏罗纪公园”。

你就不能控制一下吗？
快让我咬一口。
救命啊！
这就是第三位中国恐龙明星！
合川马门溪龙“溪溪”！
你搞错了，梁龙的特点是尾巴特别长，马门溪龙是脖子特别长。
稍等，我还没吃饱！
这不是梁龙吗？
这么大可怎么下口啊！

直接吞的……
有点儿不太好消化。
吃点儿小石子
帮助消化。
这下吃得
差不多了！
这脖子也太
长了吧。
注意脚下！
差点踩到我。
它是我见到的
恐龙中**脖子最**
长的！

名称	合川马门溪龙
分类	蜥臀目，蜥脚类，马门溪龙科，马门溪龙属
生活年代	侏罗纪晚期（距今约 1.5 亿年）
发现年份	1952 年
发现地点	中国重庆合川
命名者	杨锺健、赵喜进
习性	植食性
天敌	永川龙

凶猛程度：

马门溪龙是大型蜥脚类恐龙。马门溪龙属是杨锺健先生于 1954 年根据四川宜宾马鸣溪渡口发现的一批化石建立的，现有 7 个有效种，是包含种数最多的中国恐龙。

马门溪龙通常性情温和，但尾巴作为自卫武器具备一定的杀伤力。

马门溪龙的"腰部"有一个比脑还大的神经结，通过神经指导后肢和尾巴的活动。所以有人夸张地说：马门溪龙有"第二脑"。

世界上最长的脖子

马门溪龙是目前发现的世界上脖子最长的恐龙。它有 19 个颈椎（梁龙和雷龙只有 15 个颈椎）。为了加固，颈椎的两侧，有一根根长长的颈肋，彼此交叉，但也同时限制了脖子的灵活转动。为了扩大摄食范围，它们站在原地，慢慢把脖子摆来摆去，在灌木和树木之间摄取食材。这既能体现长脖子的优势又能节省体力。

马门溪龙化石发现于四川宜宾金沙江的马鸣溪渡口旁的建设工地，但由于杨锺健先生的陕西口音，记录人员将"马鸣溪"误听为"马门溪"。

食量惊人

马门溪龙几乎全天都在进食，似乎除了休息，吃饭是它们的主要生活内容。据估算，每只成年马门溪龙每天需要摄入大约 300 千克的食物，这意味着它们不得不不停地四处觅食，一直保持着繁忙的进食状态，可称真正的“吃货”。

马门溪龙“换头”的秘密

起初，在马门溪龙的化石发掘过程中，并未找到其头部；因此许多博物馆通常会将马门溪龙的身体骨架与梁龙的头部相结合展示。后来，终于成功找到了马门溪龙的头部，随即进行了替换。梁龙和马门溪龙头部形态的主要区别在于：梁龙的头部上端有一个凹陷然后上翘的结构，而马门溪龙的头部则呈现凸起特征。

马门溪龙的爪

马门溪龙的脚与大象的脚有相似之处——它们的距骨排列呈垂直状态，趾骨相对较粗短。马门溪龙每个趾骨的形状都独具特色，尤其是后肢的第一个趾爪非常粗壮，非常适合四足行走。

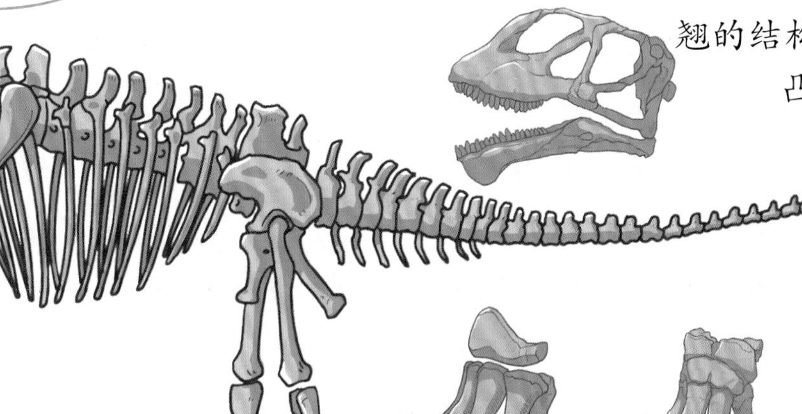

马门溪龙后脚骨骼　　大象脚骨骼

合川马门溪龙的生存环境

气候与环境：侏罗纪中晚期的合川地区，就像一个位于中国长江上游的小天堂，坐落在四川盆地内，与东部的山脉和谷地相互融合。

生物群：在那个时代，合川地区的陆地上居住着各式各样的爬行动物，其中不乏巨大的恐龙、自由翱翔的翼龙。成群的马门溪龙慢悠悠地穿越这片茂密的森林，它们凭借密集的勺状牙齿，摄食软而富有营养的植物，犹如温文尔雅的园林美食家。

听到了吗？那边有很低沉的声音。
那些高高突起的是什么？
走过去看一看。
这就是第四位中国恐龙明星！
棘鼻青岛龙“青青”！
我好像看到了北京烤鸭！

控制不住了！
我要吃肉！
我要吃肉！
有敌情！
有敌情！
有敌情！
快速列队！
啊！不知道从哪儿下口了！
有序撤离！
完了！到嘴的“鸭子”跑了！

名称	棘鼻青岛龙
分类	鸟臀目，鸭嘴龙科，青岛龙属
生活年代	白垩纪晚期（距今约 8000 万年）
发现年份	1951 年
发现地点	中国山东莱阳
命名者	杨锺健
习性	植食性
天敌	金刚口龙

凶猛程度：

依靠着群体生活来抵御潜在的危险，似乎从未表现出攻击性。它们是和平的居民，享受着湖畔的宁静生活。

头顶上方有头冠（骨质棘突）。

脖子短而粗。

鼻孔位于嘴巴上方。

身体粗壮

拥有宽大而扁平的嘴巴，是鸭嘴龙类的特点。

尾巴肌肉发达，有助于棘鼻青岛龙在行动中保持身体平衡，也为其后肢提供所需的支持。

推测体重约 6-7 吨

四肢较长，前肢比后肢细短，通常四足行走，但也可用二足方式逃离掠食动物。

别跑了！别跑了！让我扫描一下你！

棘鼻青岛龙因为化石的修复、研究等工作主要在青岛进行，以及头部鼻骨上长了一根骨质棘棒，而得名。

头冠识龙

头顶鼻骨上有一个竖直向上且略向前倾的骨棒，长约40厘米，内部是实心的结构。科学家们推测，在青岛龙活着的时候，头顶的骨质棘突可能与上颌骨协同支撑着中空头冠结构，头冠向前上方延伸。该头冠不仅可以用于性别展示、物种识别，还可以辅助发声。这样的中空的头冠既可以放大音量，也可以使声音变得更低沉，更有“磁性”。

排队的牙齿

青岛龙嘴巴前部扁平，形似鸭嘴。与鸭子不同的是，青岛龙具有1000多颗牙齿，分布在口腔后部。鸭嘴龙类是已知所有恐龙中牙齿最多的，这进一步证明了它可能以一种极为坚韧的草为食。为什么能推测出青岛龙吃草呢？因为青岛龙和马鬃龙都是鸭嘴龙类，马鬃龙生活在1亿年前，最新研究显示它的牙齿化石上有草的残迹，说明曾以草为食。青岛龙生活的时期比马鬃龙要晚2000万年，牙齿更多，更适合吃坚韧的草。

它们以集体为单位，彼此间相互关照。

团结就是力量

团结就是力量！

棘鼻青岛龙不善奔跑，一只金刚口龙可以轻易地捕杀一只孤立的棘鼻青岛龙。因此，为了提高安全性，棘鼻青岛龙通常会结群生活。当它们察觉到危险时，会用特有的“海豚音”来提醒同伴。

棘鼻青岛龙的生存环境

气候与环境：棘鼻青岛龙生活在白垩纪晚期。它们的栖息地位于当时山东半岛上的一个狭长盆地，被称为诸莱盆地。该盆地的气候温暖湿润，拥有广阔的森林、众多河流湖泊，为恐龙提供了优良的生存条件。

生物群：在这样的环境中，棘鼻青岛龙与其他多种恐龙一同生存，其中包括属于暴龙家族的金刚口龙和鸭嘴龙家族的谭氏龙。对于棘鼻青岛龙来说，体型庞大、尖牙利齿的金刚口龙是最可怕的威胁，一只金刚口龙可以轻松捕杀一只孤立的棘鼻青岛龙。因此，为了提高安全性，棘鼻青岛龙通常会结群生活，当它们察觉到危险时，会使用头冠辅助发出的声音来警示同伴。

你怎么坐下了，咱们快去找下一位恐龙明星啊！
再不走我又要饿了！
不用去别的地方找了，我就是第五位中国恐龙明星！
顾氏小盗龙“辽辽”！
这么小一只，怎么就是明星了？

语文
顾氏小盗龙被编入了我国部编版小学四年级语文教材《飞向蓝天的恐龙》。
爬到高处
跳跃
爬树高手
很多小朋友都认识我，小学语文课本里就有我！
俯冲
我从不挑食，这些我都爱吃！
抓取
哺乳类
鸟类
鱼类
蜥蜴
锋利的尖牙
锋利的爪子
原来你也是吃肉的！

名称	顾氏小盗龙
分类	蜥臀目，兽脚类，驰龙科，小盗龙属
生活年代	白垩纪早期（距今约 1.2 亿年）
发现年份	2002 年
发现地点	中国辽宁朝阳
命名者	徐星、周忠和、汪筱林等
习性	肉食性
天敌	未知

凶猛程度：

小盗龙的小牙齿具备典型肉食性恐龙特征，但对于吃什么肉，它并不挑剔。

是已知体型最小的恐龙之一。

长有四个翅膀。

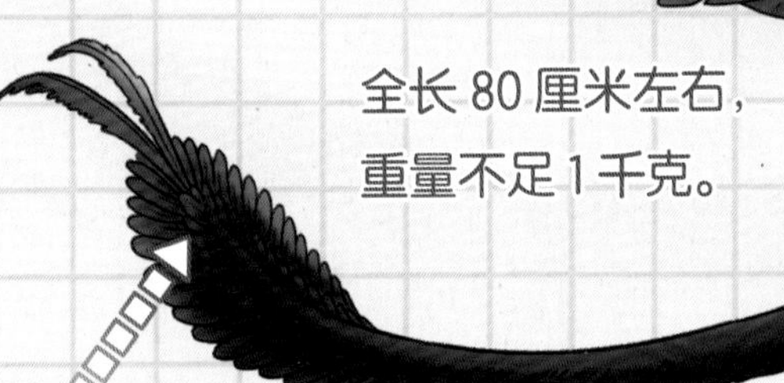

全长 80 厘米左右，重量不足 1 千克。

片状飞羽是黑色的，带彩虹光泽。

尾巴末端有个“羽毛扇”。

来个帅气的姿势！

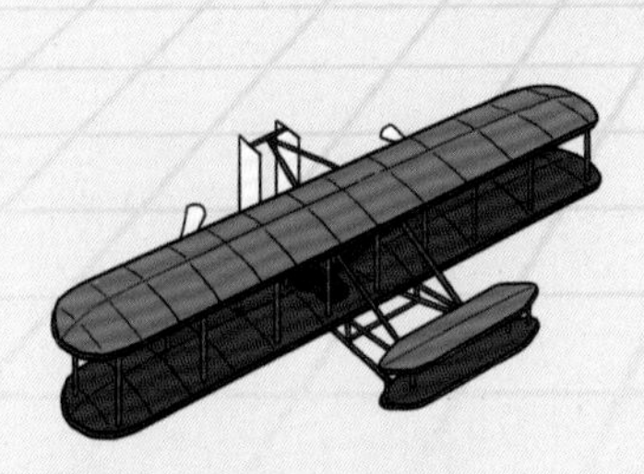

小盗龙的前肢、后肢、脚部上方和尾部都长有不对称的片状飞羽，当它们张开四肢凌空飞翔时，与 1903 年美国莱特兄弟发明的人类历史上第一架主动力飞行的双翼飞机非常相似。

小盗龙是世界上发现的第一只会飞的恐龙，为鸟类起源于恐龙的学说及鸟类飞行起源的研究提供了重要的化石证据。在小盗龙之后，近鸟龙、足羽龙等其他四翼恐龙也陆续被发现。科学家认为从恐龙到鸟类的演化经历了四翼飞行的阶段：它们先是通过四翼飞向天空，然后它们的后代，那些进步的鸟类用双翼征服了蓝天！

语文
顾氏小盗龙被编入了我国部编版小学四年级语文教材《飞向蓝天的恐龙》。
爬到高处
很多小朋友都认识我，小学语文课本里就有我！
跳跃
爬树高手
俯冲
我从不挑食，这些我都爱吃！
抓取
哺乳类
蜥蜴
鸟类
鱼类
锋利的尖牙
锋利的爪子
原来你也是吃肉的！

名称	顾氏小盗龙
分类	蜥臀目，兽脚类，驰龙科，小盗龙属
生活年代	白垩纪早期（距今约 1.2 亿年）
发现年份	2002 年
发现地点	中国辽宁朝阳
命名者	徐星、周忠和、汪筱林等
习性	肉食性
天敌	未知

凶猛程度：

小盗龙的小牙齿具备典型肉食性恐龙特征，但对于吃什么肉，它并不挑剔。

是已知体型最小的恐龙之一。

长有四个翅膀。

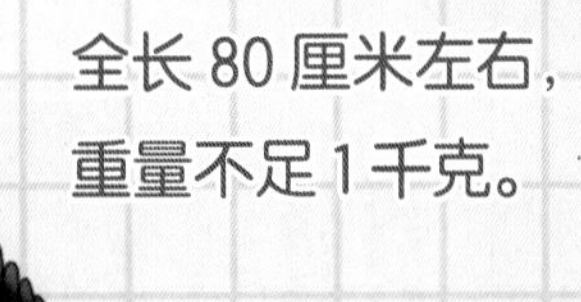

全长 80 厘米左右，重量不足 1 千克。

片状飞羽是黑色的，带彩虹光泽。

尾巴末端有个“羽毛扇”。

来个帅气的姿势！

小盗龙的前肢、后肢、脚部上方和尾部都长有不对称的片状飞羽，当它们张开四肢凌空飞翔时，与 1903 年美国莱特兄弟发明的人类历史上第一架主动力飞行的双翼飞机非常相似。

小盗龙是世界上发现的第一只会飞的恐龙，为鸟类起源于恐龙的学说及鸟类飞行起源的研究提供了重要的化石证据。在小盗龙之后，近鸟龙、足羽龙等其他四翼恐龙也陆续被发现。科学家认为从恐龙到鸟类的演化经历了四翼飞行的阶段：它们先是通过四翼飞向天空，然后它们的后代，那些进步的鸟类用双翼征服了蓝天！

嘴中长有两排弯曲且锋利的牙齿。

躯干相对较短。

尾比身体长。

爬树小能手

它们的翼指很长，而且每根翼指的末端都发育成了弯曲的大爪子。这使它们成了爬树小能手。

热河小猎手

科学家在顾氏小盗龙的胃中找到了不只一种食物残骸，包括鸟类、鱼类及哺乳类动物。这说明只要比它们体型小，都可能成为它的猎物，它们是真正的热河小猎手。

然而，由于它体型相对较小，攻击能力受到限制。当面对体型大的猎物时，即使是优秀的小猎手也只能放弃。

发育学研究显示鸟类羽毛是从爬行类鳞片进化过来的。下图是发育学中9种连续出现的羽毛类型。

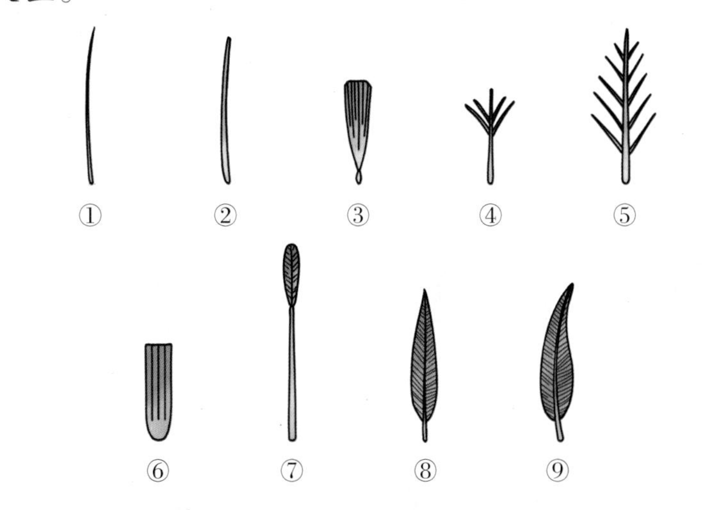

飞行的起源

在顾氏小盗龙化石的四肢周围发现分布着一小片一小片具有不对称羽片的飞羽，恐龙身上长飞羽是前所未见的。科学家们认为，正是这种奇特的形态为解答进化生物学中的一个难题——鸟类飞行起源之谜，提供了重要的线索。

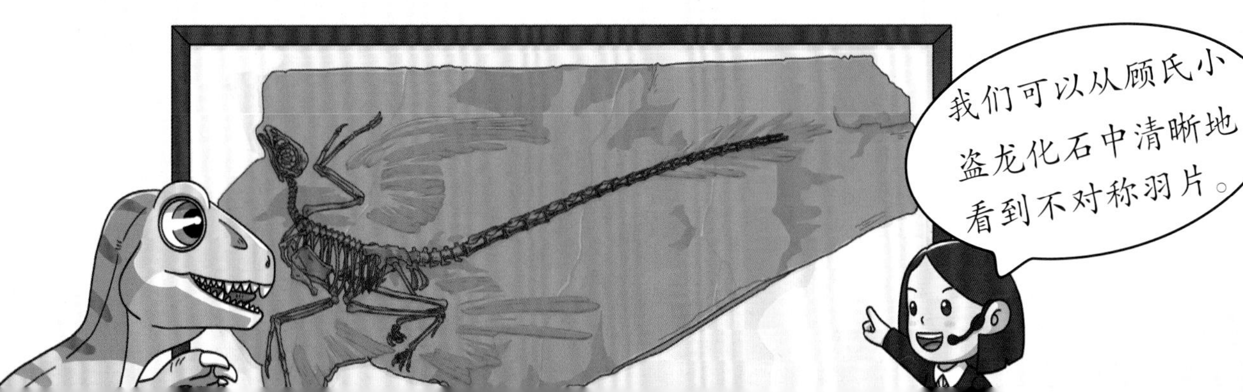

顾氏小盗龙的生存环境

顾氏小盗龙被发现于辽西著名的热河生物中。该地区发现的化石几乎涵盖了从中生代向新生代过渡时期的各类生物。顾氏小盗龙就生活在白垩纪早期。

当时的热河地区拥有稳定的生态环境和丰富的植被。这里生活着众多类型的动物，为小盗龙提供了丰富的食物来源。

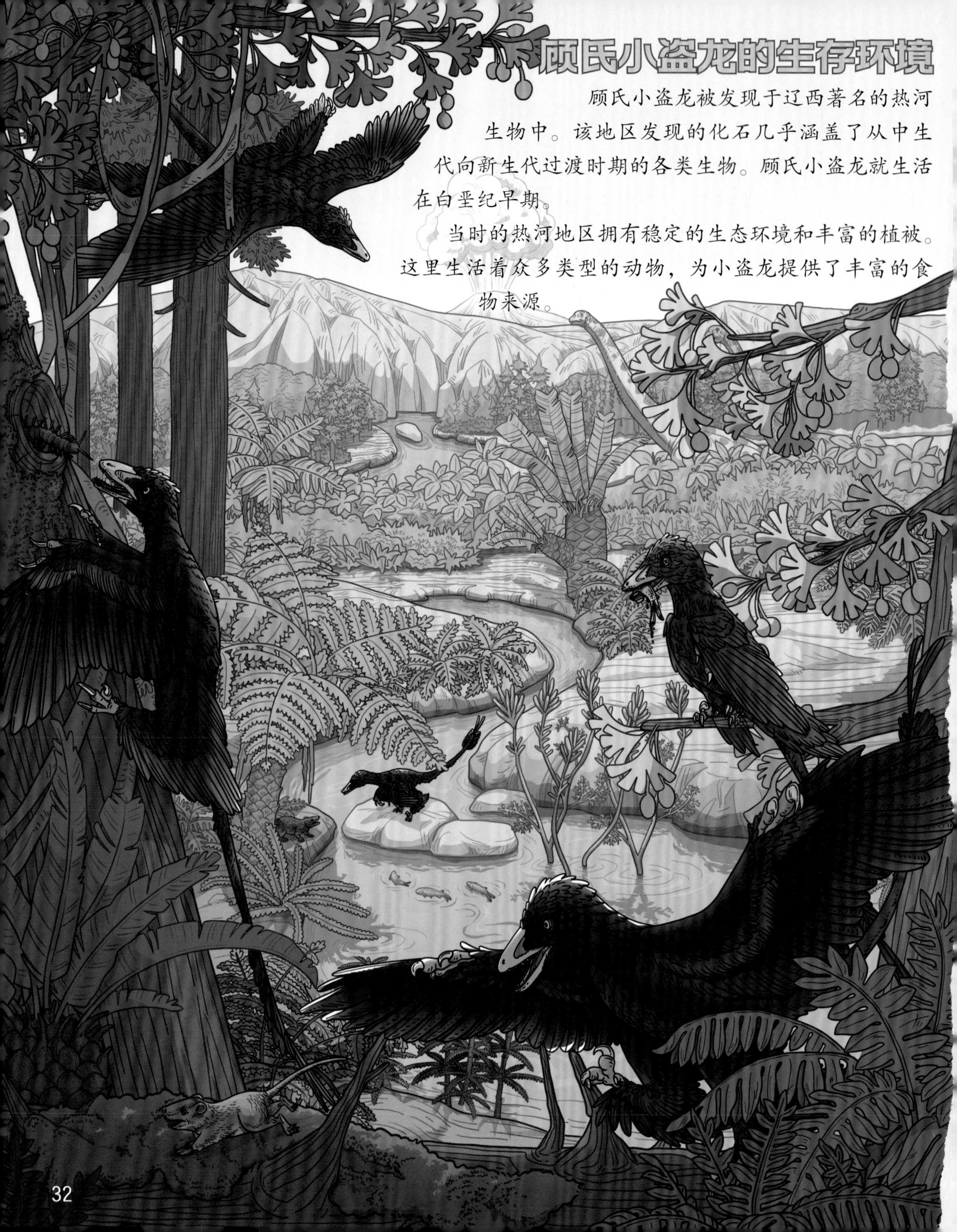

既然“恐龙五宝”已经到齐了，就让我们来张合影吧！
当然，更多的故事即将发生……